Solar PV Bombeo de Agua:

Cómo Construir PV Solar Powered Sistemas de Bombeo de agua para Deep Wells, Estanques, Arroyos, Lagos y Arroyos

por Christopher Kinkaid

Spanish Translation:
por Dr. Lisandro C. Vazquez Hernandez

Published by Solardyne, LLC
Portland, Oregon

ISBN-13: 978-1500493523
ISBN-10: 150049352X

Tabla de Contenidos

Prefacio

Bombeo de agua es un gran trabajo. Bombas de agua eléctrico solar (PV) alimentados son la manera más efectiva de la bomba de su pozo profundo o poco profundo estanque, río, lago o arroyo con un alto rendimiento, la confiabilidad y no hay combustible-costos.

Es su bienestar, estanque o lago en un sitio remoto? Fotovoltaica solar eléctrico (FV), a precios históricamente bajos, menores costos y pueden ser su solución de bombeo de agua. Riegue su ganado, el riego de sus huertas, jardines, campos o tierras de cultivo con esta guía fácil paso a paso completa con ejemplos específicos de equipos de bombeo de agua para diferentes situaciones.

Bomba de agua de su pozo o fuente superficial superficial directamente con los paneles solares fotovoltaicos. Tamaño del sistema de bombeo de agua solar con esta guía paso a paso para la definición y construcción de su proyecto de bombeo de agua solar.

Acerca de este Libro

Este libro electrónico está escrito como una guía paso a paso a la definición de "estadísticas vitales", de su proyecto de bombeo de agua solar y elegir el equipo adecuado para hacer el trabajo. Si usted tiene un proyecto de energía solar específica de bombeo de agua en mente, a continuación, visite el PV Solar Powered Sistema de Listas Ejemplos situado en la Guía rápida en el Capítulo Nueve.

La Guía rápida contiene clic en enlaces que te llevan a un sistema de bombeo de agua solar específico. Los ejemplos Bombeo Solar se definen por la profundidad del pozo, y de galones por día entregan. Si usted está bombeando desde una fuente superficial de agua, como un estanque, arroyo, lago, arroyo o río pequeño, los sistemas se enumeran por galones diarios entregados.

En el **Capítulo 2** se describe el proceso paso a paso para definir su sistema para su propio diseño del sistema, o para hablar con un proveedor externo. Utilice este proceso para determinar las "estadísticas vitales" de su sistema.

Capítulo 3 trata sobre el uso de fuentes de alimentación solar, y cómo se configuran los ejemplos enumerados en este Book. **Capítulo 4** hasta el 7 de describir Agua de pozo de bombeo mediante bombas sumergibles que varían en profundidad desde 20 pies a 800 pies. Ejemplos del sistema incluyen solares PV de suministro de energía listas de piezas que describen los paneles fotovoltaicos solares específicos que va a utilizar, ya qué la tensión del sistema para operar su bomba para mayor productividad.

Capítulo 8 describe el bombeo de agua con energía solar para el poco profundas fuentes de agua, como estanques, lagos, arroyos, riachuelos y ríos pequeños. Sistemas de energía solar fotovoltaica se definen por "Rise", total o ascensor, por ejemplo, de colinas y pequeños escarpes en su propiedad, y el total de "Ejecutar" o la distancia horizontal que desee mover el agua. Los sistemas solares enumeradas pueden bombear tanto como 4 millas, y levante tan alto como 400 pies.

Este book "PV Solar Bombeo de Agua" fue escrito para ser un recurso para la planificación y la implementación de un eléctrico solar (PV) sistema de bombeo de agua solar para suministrar agua para los sitios remotos. Ideal para las cabinas aisladas, casas remotas, fuera de la red de vida, jardín, huerto, proyectos de riego agrícola y ganadera, los paneles solares fotovoltaicos crea una excelente fuente de energía y puede bombear grandes cantidades de agua.

Sobre el Autor

Christopher Kinkaid

Christopher (Toby) Kinkaid, originaria de Portland, Oregon, es el fundador de **Solardyne.com** , **SolarQuote.com** y **AlgaeToday.com** , y ha trabajado en la tecnología de energía limpia durante más de tres décadas.

Kinkaid, es el inventor de la **"Helyx"** viento vertical del eje del generador, la **"Mariposa"** sin imágenes módulo fotovoltaico de concentración solar (funcionamiento continuo en el Laboratorio Nacional Sandia desde 1994), el demultiplexor lente óptica de concentración solar Solar (Dr. James / Sandia Laboratorio Nacional de 1991), y el inventor del original "Solar Power Pack" (Mother Earth News, "Utilidad de Littlest" junio / julio de 2001).

Kinkaid, ha sido conferenciante y presentador oficial en la tecnología de energía limpia en todo el mundo, incluyendo "APEC", Bangkok, Tailandia,

2003, "Energy Solutions World", Tokio, Japón, 2003, La Conferencia Internacional de la Biomasa (IBC), 2010, Minneapolis , MN, y la Organización (ABO) Conferencia de Biomasa de Algas, 2010, Phoenix, AZ.

Christopher (Toby) Kinkaid, ha aparecido en entrevistas en KOIN TV, TV KGW, y "Hoy Sostenible" producidos en Oregon, y ha sido miembro de la junta directiva de la Asociación Nacional de Hidrógeno, en Washington DC, 1993, la Japan Satellite Communications Company (JCNET), Fukuoka, Japón, 1994-1995, y Algaedyne Corporation, Preston, MN, 2010-2013.

Kinkaid, actualmente se desempeña como CEO de Solardyne, LLC en Portland, Oregon, donde continúa su trabajo en la energía solar, eólica, biomasa y tecnología, las aplicaciones, la investigación y el desarrollo.

Introducción

La necesidad de bombear el agua es fundamental para la vida, y es anterior a la edad neolítica. Sin agua en movimiento, no hay civilización. Entonces, como ahora, nuestra demanda de agua es vital para la agricultura, la ganadería, residencial, necesidades comerciales e industriales, y que está disponible en su sitio todos los días, la energía solar puede ser una fuente de energía eficaz con gran ventaja.

Hoy en día, los paneles solares eléctricos modernos (PV) hacen que el agua de bombeo relativamente fácil de instalar, rentable, y ofrece un excelente rendimiento y fiabilidad en los momentos importantes: el día a día en el campo.

Paneles solares fotovoltaicos son de estado sólido, no tienen partes móviles, herméticamente cerrados, desde el medio ambiente, resistente enmarcadas, clasificado para ubicaciones extremas y con frecuencia llevar 25 años de garantía de decisiones para un suministro de energía confiable.

Con un diseño adecuado, y las opciones de hardware, (el punto de este Book), los sistemas de bombeo de agua solares son el agua de levantamiento sorprendentemente productivos desde grandes profundidades, y / o en movimiento de agua a grandes distancias con caudales respetables.

Este libro electrónico está diseñado como una guía paso a paso para definir primero su sistema de bombeo de agua solar, entonces igualar ese proyecto a uno de los ejemplos proporcionados.

Si necesita más agua bombeada de los sistemas de muestreo de la lista, utilice el capítulo dos para definir su proyecto para que su proveedor de la bomba de agua puede identificar rápidamente el sistema adecuado para su proyecto específico. Paneles solares fotovoltaicos proporcionan fuertes tensiones continuas que se ajustan muy bien a las bombas solares DC disponibles en el mercado.

El uso de energía solar fotovoltaica para bombear el agua de los pozos de 20 pies a 800 pies. Utilizar energía solar fotovoltaica para bombear el agua de su estanque, un lago, un arroyo, un arroyo o río pequeño usando bombas de superficie.

Contar con un proyecto de bombeo de agua solar en mente? Visita Capítulo Nueve para una Guía rápida para los sistemas incluidos.

Capítulo Uno - Solar de bombeo de agua del Big Picture

Sistemas de bombeo de agua con energía solar pueden levantar a partir de fuentes profundas de agua como pozos profundos directamente, así como a la bomba de fuentes superficiales, como estanques, lagos, riachuelos, arroyos y pequeños ríos. Hay dos tipos básicos de sistemas de bombeo de agua con energía solar en función de su fuente de agua: pozos o fuentes superficiales.

En este book, vamos a romper abajo las preguntas que usted necesita preguntarse a definir los requisitos del sistema. Entonces, nosotros igualaremos esos requisitos para el tipo bomba de agua solar y la especificación adecuada para hacer el trabajo. Necesidad de elevar el agua a más de 600 pies? Necesita por lo menos 7.000 galones entregados a una cisterna de 200 metros de distancia de la bomba? Este libro electrónico va a intensificar a través de cuál es necesario para elaborar estos aspectos y llegar a la mejor sistema de bombeo de agua solar para su proyecto de bombeo de agua en particular.

Empezamos definiendo una solicitud de agua al día - la cantidad de agua necesita cada día ¿Cuál es su fuente de agua de profundidad? Tenemos que saber un poco de información básica acerca de su tipo de agua a partir de la fuente de su agua. Bombas de agua solares utilizan equipos diferentes dependiendo de la fuente de agua sea de pozo o agua superficial.

Para bombeo de pozos profundos del tipo de bomba estándar que se utiliza es la bomba sumergible. La bomba sumergible necesita un pozo de al menos 3 "pulgadas de diámetro, (4 pulgadas para las bombas más grandes) y se dejó caer en el pozo con el cable de alimentación, la caída de la cuerda, y la manguera de suministro de agua. Los paneles fotovoltaicos solares eléctricos, bastidores de montaje y el controlador se monta sobre el suelo cerca de la boca del pozo, sólo la bomba sumergible y el cableado / tubo se dejó caer en el pozo.

Fuentes superficiales de agua, por lo general de poca profundidad, como lagos, lagunas, arroyos, ríos, cisterna o tanques usarán una bomba de superficie. Existen varios tipos de bombas de superficie existen en función de la cantidad de agua que ha de bombear, cada uno con ventajas y características. Más adelante en este libro bajo las bombas de superficie vamos a pasar por las diferentes características de cada tipo, y la forma de analizar la "Calidad del Agua" de la fuente superficial. Estanques, lagos y otros sistemas abiertos pueden ser turbia o turbia con partículas en el agua por lo que es arenoso. Algunas bombas de superficie son vulnerables al agua arenosa. Si eres el agua es turbia o arenosa entonces será necesario un filtro en línea.

Sistemas de bombeo accionados solares de montaje en superficie de los paneles solares fotovoltaicos, estanterías, controlador y la bomba en sí todo del lado de la parte superior y se montan a pocos metros de la fuente de agua. Bombas de superficie se colocan al lado de un arroyo, estanque o arroyo donde su sombra por lo general debido a los árboles o arbustos.

En este caso, los paneles solares fotovoltaicos se pueden colocar hasta 75 pies de distancia de la bomba. La bomba de superficie tiene que ser colocado en tierra, cerca del agua (a menos de 10 metros en horizontal y 10 metros verticalmente), y sobre una base firme. Poner una pequeña plataforma de cemento no es una mala idea si usted va a salir de la bomba por períodos largos. Si estás en un clima extremo, entonces usted debe construir una caja, o tener un recinto al aire libre para proteger la bomba y el controlador de la bomba contra los elementos. Una vez que su bomba de superficie se instala cerca del agua, sólo la manguera de admisión se sumerge en la fuente de agua. Bombas de superficie son diferentes de bombas sumergibles, como veremos más adelante en el libro.

Rise, Ejecutar y Agua por Día

Todos los proyectos de bombeo de agua puede ser definido por tres factores básicos de agua: lugar, ejecutar, y el volumen de agua deseado se entregue diariamente. Una vez que tenemos estos aspectos definen vamos a trabajar la carga hacia atrás y llegar a la fuente de alimentación solar de tamaño adecuado para accionar la bomba. La "subida" se refiere a la altura total (cabeza) que usted necesita para elevar el agua. Su fuente de agua podría ser un bien, por ejemplo, sabes que el nivel freático se encuentra a 100 pies de profundidad. También puede ser necesario para levantar el agua una altura adicional para llenar su tanque o cisterna. Añadir todas estas alturas para llegar a su total de "Rise".

"Run" se refiere a la longitud de la distancia que necesita para bombear el agua en la superficie. A pesar de que su tierra puede ir hacia arriba y hacia abajo, el Run se refiere a la longitud total de la distancia horizontal que tendrás que bombear para llegar a su tanque o cisterna. A continuación, es necesario tener un número para la cantidad diaria total de agua que necesita para ofrecer.

Muchas bombas son clasificadas por los galones por minuto (GPM) que bombean. Esto puede ser un valor de la falta líder, ya que a diferencia de un plug-in AC bomba que puede funcionar, siempre y cuando se quiere, hay un límite a la cantidad de horas por día de su panel PV solar se encenderá la bomba. Por lo tanto, pensar en términos de la cantidad de galones por día (GPD) usted no necesita sólo en términos de Caudales, pero las cantidades totales de producción de cada día.

Por ejemplo, las demandas de beber al ganado pueden estimarse en 30 galones por día, por cabeza de ganado (más si en un clima cálido). Un rebaño de 200 vacas requiere 6.000 galones por día. Asegúrese de estimar sus necesidades de agua en términos de galones por día (GPD), esto le ayudará a dimensionar el sistema de bombeo de agua con energía solar que necesita para su aplicación.

La energía solar es una fuerza poderosa. La intensidad del sol en cualquier hora dada fluctuará ser una fuente natural, y para el bombeo de agua esto es importante, pero en el transcurso de tiempo que el sol ofrece un promedio fiable de la energía. El pico de potencia solar (1000 vatios por metro cuadrado) se utiliza para estimar el consumo real de energía suministrada por un panel de energía solar fotovoltaica a los efectos de bombeo de agua. Cada lugar de la Tierra tiene un pico horas Solar equivalente equivalente. En Portland, Oregon el rating Pico horas es de 3,5 horas por día. En Kansas, la calificación de solar en horas punta es de 5,5, por ejemplo.

Por su ubicación proyectos hacer una búsqueda en Internet para los sitios de calificación en las horas pico. Multiplicando los paneles fotovoltaicos solares potencia por la calificación de pico horas de su ubicación le indica la cantidad de energía de sus paneles solares fotovoltaicos producirán, en promedio, cada día en su sitio.

Ejemplo 1: Si su sitio de bombeo está en Kansas, con una calificación de 5,5 horas pico, y luego 1.000 vatios de potencia solar fotovoltaica producirán 5,5 kilovatios-hora (kWh) de energía por día.

Ejemplo 2: Si su sitio de bombeo se encuentra en el sur de California (6.5 pico-hora solar) mediante un panel fotovoltaico de energía solar nominal de 500 vatios, la cantidad de energía que el panel solar de 500 vatios producen? Respuesta: Energía es igual a potencia x tiempo. La calificación del panel de potencia (500 vatios) veces el valor nominal de pico-hora (6,5 en este ejemplo) produce una producción diaria de energía de 3250 vatios-hora, lo que equivale a 3,25 kilovatios-hora (kWh) de cada día.

Bombeo de agua solar en el Campo

Bombas de energía solar pueden operar en diversos lugares, entre ellos los desiertos, zonas tropicales, de gran altitud, tiempo y entornos urbanos. Si está el tamaño de su propio sistema de energía solar de la potencia de salida de un panel de energía solar fotovoltaica debe ser "sobrevalorado De" en función de estas condiciones extremas. Por ejemplo, todos los dispositivos electrónicos no les gusta de calor, temperaturas más altas causan una caída de tensión en los módulos fotovoltaicos. Paneles solares fotovoltaicos, por definición, están en el sol y pueden llegar a ser muy caliente. Si usted está en una ubicación particularmente caliente reduzca su potencia de salida en un 20%. E n los ejemplos dados en los capítulos por debajo de la necesaria reducción de potencia se ha calculado por lo que si sigues mis ejemplos ya está todo listo. Si el diseño de sus propios sistemas a continuación, asegúrese de disminuir la potencia de los paneles solares.

Una vez que usted sabe que su ascenso y su ejecución, la siguiente clave es saber cuánta agua necesita para cada día. Una vez que sepa su necesidad diaria expresada en galones por día (GPD), entonces podemos empezar a trabajar el problema hacia atrás para terminar con el equipo adecuado para bombear el agua.

Si su fuente de agua se encuentra en un lugar remoto, y la electricidad o no está disponible, o muy costoso de alambre, la energía solar es una elección efectiva. Bombas de agua de cuadrícula potencia utilizan corriente alterna (AC). Sistemas de bombeo de agua con energía solar, en cambio, utilizan corriente continua (DC), dando un excelente partido al panel PV solar, y voltajes de la batería.

Bombas de CA tradicionales que se ejecutan fuera de la red de energía tradicionales son más a menudo las bombas centrífugas y están diseñados para girar a velocidades muy altas de bombeo mayor cantidad de agua por minuto posible.

Bombas de CA típicos tienen alto poder de consumo de energía se basa, sobre todo cuando se enfrentan a presiones altas (a menudo auto-inducido por el bombeo de más de la tubería puede gestionar), o en el caso de muy bajos índices de flujo, lo que resulta en una menor eficiencia. Estos problemas hacen que las bombas de agua con energía solar una opción atractiva desde una perspectiva de rendimiento, ya que los voltajes de CC de su panel solar están diseñados para asemejarse a el sorteo de la bomba. Además, actúan como controladores de potencia máxima Point Trackers (MPPT), lo que aumenta aún más la eficiencia de la bomba de agua solar DC.

Para maximizar el rendimiento de los sistemas de alimentación de CC bombas fotovoltaicas solares son a menudo construidas de bombas más eficientes, y el uso de la tecnología de "desplazamiento positivo de tipo" que bombea una cantidad fija de agua con cada rotación de la paleta de la bomba. El tiempo nublado y mal puede presentar menos energía del sol en un momento dado, pero la bomba de desplazamiento positivo, no sufrirá ninguna pérdida de rendimiento a baja potencia. Por lo tanto, si sólo tiene la mitad de la luz del sol, usted todavía bombear la mitad del volumen de agua. Excelente rango de eficiencia para las condiciones del mundo real de los cambios en los niveles de luz.

Bombas de CA están diseñados para ir tan rápido como sea posible con el fin de bombear más agua lo más rápido posible. Sin embargo, éstos electricidad de alta potencia hambre AC bombas producir una alta cantidad de fricción "interna" dentro de la energía emaciación tubería. Cuanto menor sea el diámetro de la tubería que elija, va a existir la fricción más interna para una velocidad de agua dada. Slow bombas, como se verá más adelante en los capítulos de la bomba de superficie, toma gran ventaja de mover el agua lentamente a través del tubo en gran medida el aumento de la eficiencia. Esto reduce al mínimo la fricción interna, y disminuye el tamaño de la matriz de energía solar fotovoltaica necesaria para alimentar el sistema de bombeo.

El agua solar de bombeo estrategia de DC versos un enchufe de CA con hambre de energía en la bomba, es la clásica carrera entre la tortuga y la liebre. La bomba de CA es la liebre, el bombeo de una gran cantidad de agua en un corto período de tiempo. El sistema DC bomba de agua solar está diseñado para ser la tortuga, y en el transcurso del día, entregar la cantidad de agua que usted espera del sistema. Esta ventaja se traduce en un gran ahorro en el costo de su sistema por lo que es más pequeño.

Bombas sumergibles para el bombeo de agua de pozo

Si su fuente de agua es un pozo profundo, entonces usted tendrá una bomba sumergible. Bueno bombeo de agua con una bomba sumergible, impulsado con paneles solares fotovoltaicos se puede librar de 1 galón por minuto (GPM) a más de 80 GPM usando la energía solar directa. Cuanto mayor sea el conjunto de paneles de energía solar fotovoltaica, la mayor cantidad de agua que usted bombea. La cantidad de agua se puede bombear con una matriz de paneles solares fotovoltaicos dado dependerá de la subida total (altura, cabeza) que tendrás que elevar el agua. Asegúrese de analizar su nivel freático dentro de su bien y cálculo si su nivel freático cae a medida que la bomba fuera del agua. La mayoría de los pozos se reducirá en la tabla de agua un poco, o más, bajo ciertas condiciones, durante el bombeo lo que usted quiere para calcular su profundidad y con un margen de error para compensar. Esta es la profundidad que bajará su bomba sumergible para con una línea de caída, (por lo general la cuerda o cable).

Las bombas sumergibles de agua están diseñados para las duras condiciones de estar bajo tierra. Las temperaturas más frías del agua a esas profundidades ayudan a mantener la bomba de funcionamiento en frío y prolongar la vida útil de la bomba.

Si usted va a utilizar una bomba sumergible para bombear agua alturas verticales cortas de cisternas o tanques de tierra de tierra a un tanque de techo, por ejemplo, entonces una cierta protección contra el sobrecalentamiento de la bomba debe ser utilizado.

Si usted va a la bomba desde un tanque de suelo, en el techo (sólo 25-35 pies verticalmente), y desea utilizar una bomba sumergible, a continuación, montar la bomba dentro (concéntrica) un gran tubo de plástico vertical que actúa como un chimenea.

La tubería es de un diámetro mayor que el de la bomba para permitir que el agua fluya hacia arriba y alrededor de la bomba. La "altura" de la tubería de plástico será ligeramente más largo que el de la bomba, con la bomba en el centro. La idea es que el agua tomando calor de la bomba tendrá una dirección a seguir, arriba, con lo que en más agua de la parte inferior de la tubería, la bomba de refrigeración. Las bombas sumergibles en pozos profundos no tienen ningún problema de sobrecalentamiento y están diseñados para sus condiciones de funcionamiento.

Este ebook cubrir diferentes profundidades de pozos y las cantidades de agua con la energía solar fotovoltaica lista de piezas de la fuente de alimentación adecuada en los capítulos específicos a continuación. Usted elige su solar Bomba sumergible accionado en base a la profundidad de su pozo (Rise), que se está ejecutando la distancia

(Run), y la cantidad total de agua por día (GPD) que desea entregar.

Bombas de agua sumergibles accionadas solares pueden ser diseñados para los sistemas más pequeños y pueden ser alimentados con un mínimo de 200 vatios de energía solar fotovoltaica. Bombas de agua sumergibles como el Shurflo 9300 y Aquatec SWP-4000 están diseñados para ser alimentado directamente por los paneles solares fotovoltaicos de 100 a 200 vatios, respectivamente. Estos modelos Shurflo y Aquatec de bombas sumergibles pueden entregar de 500 a 1,000 galones por día (GPD) elevación de agua de hasta 200 pies.

Se sirve mejor a los pozos profundos de hasta 800 pies con las bombas de agua sumergibles, tales como la línea de Grundfos y están clasificados para mayor capacidad de elevación, los caudales de agua más altos, y no tiene, por lo general, requieren el servicio de 15 a 20 años, con una instalación adecuada. Grundfos hace que la línea SQFlex de bombas sumergibles. Si usted va a la bomba de un pozo de hasta 800 metros de profundidad, y la necesidad de grandes cantidades de agua, usar una bomba sumergible Grundos. El mantenimiento, la bomba de larga vida-le ahorrará en el mantenimiento de campo, tiempo y esfuerzo tirando de su bomba.

Controladores de Bombas solares

Casi todas las bombas de agua solares necesitan un controlador de la bomba con cable entre el panel de energía solar fotovoltaica y la bomba sumergible. Controladores muestrear el voltaje y la corriente producida por el panel de la energía solar fotovoltaica, y hacerla coincidir con la carga real de la bomba. Esto aumenta de manera espectacular la eficiencia. El controlador es el "cerebro" de su sistema y va desde un simple interruptor on / off, a un un sistema inteligente que controla su funcionamiento y le avisa a la sobre-corriente, o correr en seco las condiciones y se detendrá la bomba.

Sistemas de energía solar más grandes sumergibles de bombeo, como las bombas sumergibles Grundfos SQFlex puede ser alimentado directamente de los paneles solares fotovoltaicos, o generador de viento pequeño (48-300 VDC) a través del controlador de la derecha. También puede alimentar sus bombas sumergibles SQFlex con un inversor, generador, batería, red de suministro eléctrico, o cualquier combinación de estas fuentes de energía, como una fuente de alimentación de respaldo. La línea de bombas sumergibles SQFlex puede funcionar en casi cualquier fuente de alimentación de CC de 30 a 300 VDC, y de 90 a 240 VAC utilizando alterna Fuentes de corriente. Para ello las bombas sumergibles requieren un "controlador" para gestionar la alimentación de la bomba.

Utilización de los paneles fotovoltaicos solares simplemente, el sumergible SQFlex puede ser controlado con la caja de control IO50. Este controlador cuenta con un sencillo manual de encendido / apagado que se monta entre el panel de la energía solar fotovoltaica y la bomba sumergible. Esto le permite apagar la alimentación de CC del panel fotovoltaico solar que llega a la bomba sumergible cuando se va a instalar, inspeccionar, o dar servicio a la bomba.

Para un mayor control de su sistema de bombeo sumergible utilizar el cuadro de 200 um Interface. Este controlador le permite comunicarse con la bomba y supervisar diferentes aspectos de su sistema de bombeo. Si desea añadir viento, batería, generador, red de CA, o de otras opciones de energía que necesita la interfaz de 200 um. Hay muchas ventajas a la CU200 incluyendo diagnósticos integrados para darle estado de funcionamiento, consumo de energía, y le permite conectar un interruptor de nivel de agua. El interruptor de nivel de agua a distancia es un interruptor de flotador que se apaga la bomba cuando el tanque está lleno. (Algunos controladores de bombas le permiten tener varios interruptores de flotador para iniciar también su bomba cuando los niveles del tanque son bajos).

El control de la bomba de agua solar con un interruptor de flotador es una gran opción. El interruptor de nivel puede ser montado en el tanque, y se puede colocar más de 1.600 metros desde el controlador de la bomba. Nota: (Usar 18 AWG de alambre de dos conductores, si usted está funcionando su interruptor de flotador hasta aquí desde el controlador).

Si usted va a conectar un generador de reserva para alimentar la bomba, además de paneles solares fotovoltaicos utilizados para uso normal, usted necesita la caja IO101 AC Interface. Puede utilizar un generador como una copia de seguridad, o puede utilizar la red de CA, si está disponible, como una fuente de respaldo de energía. Este control caja de interfaz se limita a 120 VCA Salidas de modo que sólo las entradas de CA monofásicos pueden ser manejados. Diesel back-up, o de gas generadora de energía están por lo general de tamaño entre 1,5 y 3,5 Kw para el funcionamiento de estas bombas SQFlex sumergibles.

Bombas sumergibles impulsados por energía solar como una fuerte tensión. El voltaje es la "presión" eléctrica producida por los paneles solares fotovoltaicos. La tensión mínima que necesita de su generador solar se define por lo que su voltaje de la bomba, y suele ser de 12, 24, 48 ó 96 VDC. La tensión mínima de 48 V CC de la bomba, más común para pozos profundos y bombas de superficie es de 30 V CC bajo carga, pero el cableado de 100 VDC es más eficiente para el máximo rendimiento de su bomba.

Paneles solares fotovoltaicos pueden ser conectados hasta 600 VDC en serie, pero los sistemas de bombeo de agua solares funcionan mejor en torno a 100 VDC, por lo tanto, cablear los paneles solares fotovoltaicos en serie a 96 VDC, ideal para pozos profundos. Paneles solares fotovoltaicos vienen en muchos tamaños y potencias. Paneles solares fotovoltaicos más pequeños de 5 vatios - 80 vatios suelen ser cableados como 12 módulos VDC. Para la alimentación de una bomba sumergible más pequeño utilizando paneles fotovoltaicos más pequeños que usted cablea sus paneles en "Series" para aumentar la tensión. Dos paneles de 12 VCC conectadas en serie produce 24 VDC. Paneles solares fotovoltaicos de alambre de cuatro 12 VDC en serie de 48 VDC. Esta es una buena tensión de funcionamiento para los sistemas de bombeo pequeñas.

Bombas de superficie para tanques, cisternas, estanques, lagos, arroyos y pequeños ríos

Shallow fuentes de agua, como estanques, arroyos, lagos y pequeños ríos se pueden bombear con energía solar fotovoltaica muy bien, pero tienen diferentes demandas que las bombas sumergibles. Para la impulsión de las fuentes superficiales de agua que va a utilizar una bomba de superficie. Bombas de superficie tienen varios tipos, pero en todos los casos se montan cerca de la fuente de agua, ligeramente por encima del agua, y sobre una base firme.

Muchos huertos, jardines y campos, por ejemplo, se riegan de una cisterna de almacenamiento, o tanque situado por encima del campo para que el agua puede ser alimentada por gravedad a las plantas mediante la apertura de una válvula. Bombeo de agua de un arroyo cercano, corriendo a una altura inferior a la cisterna, presenta un escenario típico de bombeo de agua. Una bomba de superficie de energía solar se utiliza para empujar el agua de la fuente de cala hasta la cisterna. En los siguientes capítulos se incluyen ejemplos de los diferentes sistemas y escenarios de energía solar de bombeo de superficie.

Bombas de superficie pueden empujar el agua hacia arriba ya través de largas distancias de tuberías para llenar cisternas y tanques de almacenamiento, y para presurizar los tanques de agua para riego y agua para el ganado. Asegúrese de colocar su bomba de superficie no superior a 10-20 metros por encima de la fuente de agua, y más cerca, mejor. Las bombas están diseñadas para empujar, no tira. Dado que la presión atmosférica es de aproximadamente 15 psi el vacío de una bomba puede extraer es limitada a este valor a nivel del mar. Bombas de superficie son excelentes para empujar el agua a grandes distancias en tuberías y deben ser montados a no más de 10 pies por encima de su fuente de agua.

Elementos necesarios para el bombeo de superficie incluye filtros en línea, para eliminar el polvo y proteger su bomba, bomba de la válvula de pie para cebar la bomba, y un interruptor de Run-Dry para apagar automáticamente la bomba en caso de que se seque. Filtros en línea son por lo general en 10" y 30" Cartuchos y se colocan en línea entre la manguera de admisión (sumergido) y la bomba.

Capítulo Dos - Definición de Paso a Paso el mejor sistema de bombeo de agua solar para su empleo

Ahora que hemos tenido una visión general de bombeo solar de agua que vamos a echar un par de ejemplos para ilustrar las diferencias. La lectura de este libro electrónico sugiere que tiene un proyecto de bombeo de agua en mente. Es su fuente de agua de un pozo o de una fuente poco profunda? Los siguientes pasos serán definir sus necesidades de bombeo y le da la base para elegir el mejor hardware para el trabajo.

Paso uno: sumergible o de superficie de la bomba?

Si su fuente de agua es de un pozo que va a utilizar una bomba sumergible. Si su fuente de agua es poco profunda en profundidad, desde un tanque, cisterna, estanque, arroyo, arroyo, lago o río pequeño entonces usted tendrá una bomba de superficie.

Segundo paso: ¿Cuál es la altura que necesita la bomba mi agua, el "Rise?"

A continuación, vamos a averiguar "la Emergencia." Si usted va a la bomba de un pozo, a continuación, la subida va a ser la profundidad del nivel freático, (la profundidad del agua en el pozo), más un margen de error, agregue 20 pies a su profundidad), o añadir más si sospecha que el nivel del agua descenderá durante el bombeo diario. Asegúrese de añadir cualquier altura adicional por encima de la superficie del pozo, como un tanque o cisterna. Vas a dimensionar la bomba en base a la elevación total que usted requiere.

Paso tres: "¿Ejecutar" ¿Qué es la distancia horizontal que necesito, el

El "Run" será la distancia horizontal total que usted quiere empujar el agua con independencia de altas y bajas en la tierra. Para las bombas de superficie, las opciones de bomba lenta, más por venir más tarde son capaces de empujar el agua a muchos kilómetros. Si su proyecto de bombeo de agua tiene una gran horizontal "Ejecutar", bombas de superficie específicas son la mejor opción.

Cuarto paso: ¿Cuánta agua necesito para bombear y entregar por día?

¿Cuánta agua necesita para bombear depende de lo que estás haciendo. ¿Está regando un jardín o un campo? Riego un huerto, o una fuente de agua para una casa, cabaña, o en el sitio remoto? En el ejemplo anterior se utilizó para abrevar al ganado. Estimación de cada cabeza de ganado que necesitan 30 galones por día (GPD) se puede estimar la manada diaria necesita multiplicado por el número de ganado.

Las bombas de agua son generalmente clasificados en galones por minuto (GPM). Como hay 60 minutos por hora, cada hora de agua bombeada será 60 veces GPM. Si el GPM es de 10 galones por minuto, entonces uno hora había de entregar 600 galones. Paneles eléctricos solares, sin embargo, proporcionan energía durante el día, y estimamos el número de horas "pico" equivalente determinado lugar recibe del sol. Los caudales no te dan la imagen total de la energía solar. Es de vital importancia para estimar sus necesidades y el tamaño totales diarias de su bomba de agua solar basado en Total de galones por día (GPD) que necesita que concuerden con la demanda de energía de la bomba, con la producción de energía de los paneles solares fotovoltaicos.

Paso cinco: la cantidad de energía solar qué tengo en mi sitio?

El Sol es una poderosa fuente de energía. Pregunte a cualquier persona que está atrapado en el sol durante unas horas. En términos de poder real, el sol está valorada en condiciones de prueba estándar (STC). La condición STC define la densidad de potencia máxima de la energía solar en la superficie de la Tierra a 1000 vatios de potencia por metro cuadrado (aproximadamente 10,5 metros cuadrados). **Nota:** STC también define la cantidad de masa de aire la trayectoria del sol toma (1,5 AMO), temperatura estándar de 25 grados C (77 grados F), una velocidad del viento de 2 m / seg define además una condición estándar para las pruebas, y la calificación paneles solares fotovoltaicos.

Para determinar la cantidad de energía solar que tiene a su ubicación levantó los dom horas punta para su ubicación en un mapa solar. En nuestros ejemplos aquí estamos utilizando un lugar en Kansas, con 5,5 solares horas punta. Busque las ubicaciones de calificación solar en horas punta.

Energía solar Raw produce, en condiciones óptimas durante un cielo claro, 1 kilovatio (1000) vatios de potencia óptica. Módulos eléctricos solares (paneles fotovoltaicos PV) convierten esta energía óptica en corriente continua (DC) con una buena eficiencia entregando unos 140 vatios de electricidad por metro cuadrado. Paneles solares fotovoltaicos son "cableado" para producir un voltaje deseado. Cada "Cell" solar produce cerca de 1/2 voltios de corriente continua por su cuenta. Sorprendentemente, incluso cuando está nublado células solares producen buenos voltajes. La cantidad de energía solar impulsará la cantidad de "actual" de las células solares producen. Más sol directo, mucho más actual. Las células solares están interconectados para producir módulos solares que se utilizará para su proyecto de bombeo solar. Un metro cuadrado de la luz del sol es una fuerza eléctrica de potencia.

La producción de 140 vatios, a 12 VDC, un metro cuadrado de la energía solar ofrece más de 10 amperios de corriente. Esta es una respetable cantidad de poder y puede bombear una cantidad asombrosa de agua.

La energía producida por el generador fotovoltaico Solar será el Régimen de potencia de los paneles, multiplicado por el sol las horas punta para su ubicación.

Una vez que usted sabe que su subida, Ejecutar , y volumen de agua por día deseado para cualquier proyecto de bombeo de agua solar dado ahora eres capaz de tamaño y la potencia de este sistema con el sistema de energía solar fotovoltaica apropiado.

El diseño del sistema de bombeo de agua solar coincide con la demanda de energía de la bomba, con la producción de energía de los paneles solares. En los siguientes capítulos vamos a repasar los diferentes sistemas de bombeo de agua solares para profundidades dadas, y los volúmenes de agua.

Sexto paso: seleccionar el mejor PV Solar powered Sistema de Bombeo de Agua

A partir de los capítulos siguientes, seleccione el mejor sistema de bombeo solar fotovoltaica para su proyecto. Coincidir con la profundidad de su pozo, a continuación, seleccione el mejor ejemplo del sistema basado en la cantidad total de agua que desee para entregar cada día por esa profundidad.

Una vez que sepas estas estadísticas vitales sobre su proyecto de bombeo de agua solar de su proveedor de la bomba puede saber cómo configurar su sistema. Su otra opción es para que coincida con los sistemas que se presentan en este libro electrónico, que resolverá más a sus necesidades de agua.

Si usted no ve un sistema lo suficientemente potente que figuran en este libro electrónico, y luego ir a través de los pasos anteriores y ponerse en contacto con un proveedor de la bomba solar, o visite **Solardyne.com** para más información.

Capítulo Tres: La energía solar utilizando solar fotovoltaica (PV) paneles de la fuente de alimentación

El Sol es una poderosa fuente de energía y es ideal para el bombeo de agua. Los módulos solares producen corriente continua y se adaptan bien a lugares al aire libre extremas por su probada durabilidad y fiabilidad en el campo paneles solares fotovoltaicos producen tensiones fuertes incluso en bajos niveles de luz que le da cierta capacidad para bombear incluso en días nublados, con salidas máximas se producen en alto sol.

La energía producida por el panel de energía solar fotovoltaica será la potencia nominal multiplicado por tu índice de horas pico solar diaria para su sitio.

Compruebe que la ubicación con un Poder Mapa Solar .

Todas las tensiones corren "cuesta abajo." Si desea encender una carga de 12 V CC de un panel solar fotovoltaico, que tendrá que producir más de 12 V CC de la tensión para conducir la carga, ya sea a partir de un panel solar o la batería. Para un panel de 12 V CC solar fotovoltaica para producir un voltaje más alto es el fabricante de cables 36 células solares individuales en serie dentro del módulo. Cableado de las células solares individuales en serie "añade" las tensiones de la producción de un valor nominal de 18 VDC. Bajo carga, que es cuando se conecta la bomba, la tensión caerá como los paneles solares fotovoltaicos impulsa la bomba.

Pequeños solares fotovoltaicos paneles de 5 vatios a 120 vatios son generalmente 12 VDC paneles. Si desea las tensiones del sistema de cable más grandes de estos paneles en serie. Dos en series de 24 VDC. Cuatro de cada serie de 48 VDC. Paneles solares fotovoltaicos más grandes, de 140 vatios - 280 vatios están cableados a 24 VDC cada uno. Alambre dos paneles fotovoltaicos en serie para sistemas de 48 VCC, o cuatro paneles fotovoltaicos en serie de 96 V CC - Tensión Ideal para pozos profundos.

Nota: En el cableado de paneles solares fotovoltaicos en el alambre arrays de la serie para aumentar la tensión (corriente sigue siendo el mismo), cable en paralelo para aumentar la corriente (tensión sigue siendo la misma).

Sistemas de bombeo de agua solares están diseñados para operar a través de un rango de tensión, por lo general 30 a 300 VDC. A menos que se especifique lo contrario, utilice 48 V CC como mínimo del sistema. La excepción a esto sería cuando se utiliza un determinado 12 o 24 pequeño sistema de bombeo solar fotovoltaico VDC emparejado a un específico 12 o 24 VDC bomba. La regla general es más profunda profundidades requieren voltajes más altos.

Montaje Sus solares Paneles fotovoltaicos - Las opciones

Los paneles solares pueden ser montados de una variedad de maneras. Estas opciones incluyen Polo de montaje, Planta de montaje de techo de montaje, de seguimiento pasiv, y de seguimiento activo de montaje.

Montajes fijos mantienen el panel PV solar a un ángulo de inclinación específico y es ajustable. Para aumentar la producción de la matriz de energía solar fotovoltaica puede ajustar este ángulo estacionalmente para maximizar la exposición solar. Todos los montajes solares se montan a enfrentar Sur cuando su sitio está en el hemisferio norte,

(Nota: North Point sus paneles, si estás en el hemisferio sur).

Paneles fotovoltaicos para bombeo de agua necesitan un soporte robusto y fiable. Paneles solares fotovoltaicos pueden montarse en Pole, ya sea en el, como un tope, o puede ser montado lateral-Pole Top-of-the-polo. Accesorios de montaje lateral Polo tiene un soporte en la parte inferior y superior de los paneles solares fotovoltaicos. Montaje Polo es una gran opción, ya que mantiene los paneles sobre el suelo minimizando los efectos de tierra, como el aumento del polvo. Además, el cableado de los paneles, una vez que se montan en el soporte de hardware de montaje es más fácil de hacer como arrastrarse por debajo de los paneles solares fotovoltaicos (J-Box se encuentran en la parte posterior del panel) está a la mano.

Polo de montaje los paneles fotovoltaicos solares también hace que la instalación sea más fácil. Paneles solares fotovoltaicos de menor tamaño se montarán en el estándar 1.5" Programar el n º 40 de la tubería. La preparación del sitio implica augurando un agujero, y el establecimiento de su poste en cemento y agregados.

Grandes fotovoltaicos solares matrices, hasta 2000 vatios con Top of Polo de montaje, se montarán en ambos 2.5" Programar el n # 40 de tubo, de 3,5" o 4,5" tubería para las matrices más grandes. Los ejemplos a continuación llamarán el diámetro específico de su tubo de montaje.

Para robustez y bajo costo, también puede Planta Monte los paneles solares. Planta de montaje es un rack A-Frame que permite ajustar su ángulo de inclinación. El ángulo ideal para el montaje general de los paneles solares fotovoltaicos se encuentra tomando el ángulo de latitud del lugar, y restar 15 grados. Por lo tanto, si su ubicación tiene una latitud de 45 grados, el ángulo de inclinación adecuado es de 30 grados medido desde la horizontal.

Nota : Si su sitio está en una ubicación tropical , o en un lugar muy nublado, el mejor ángulo de inclinación es ningún ángulo. Montar los paneles planos. Este recibirá la radiación más "global" solar, que es a la vez directa, y los rayos indirectos.

También puede montar el generador solar en su tejado , si el techo está cerca de su sitio también. En la mayoría de los casos esto no es así, así que voy a mencionar sólo esa opción.

La producción de energía solar se incrementa si siempre estás apuntando el panel PV solar hacia el sol. Seguimiento de hardware hace esto ya sea en uno de los ejes - Buenos días a través de la noche, o en dos ejes (Altitud y Azimut), que es más preciso.

Trackers se clasifican en dos tipos: pasivos y activos, respectivamente. Pasivo seguimiento como con el engranaje Zomeworks tiene gran robustez, y la salida del panel aumenta PV solar en la energía alrededor del 25% en promedio. Rastreadores de tipo pasivo utilizan calentamiento desigual de los gases internos de auto-ajustar los paneles a lo largo del día.

Bombeo solar de agua le gusta la luz solar directa. Siguiendo la trayectoria del sol, los paneles fotovoltaicos solares aumentan la producción de energía - la producción de energía a través del tiempo. La cantidad de agua que se bombea con paneles de energía solar fotovoltaica es una función directa de la energía. Cuanta más energía producida por el generador fotovoltaico solar, más agua se le bombea.

El rastreo activo utilizando Wattsun Trackers activos aumenta la producción de paneles solares fotovoltaicos en un 35%. El uso de servomotores, y un sensor solar, accionado por un generador solar por separado, los rastreadores Wattsun extraer la máxima energía de su generador fotovoltaico solar. Hay un aumento de costos para el hardware, sino que aumenta el rendimiento del sistema de forma espectacular. Si su sitio es muy remota, le recomendaría sin partes móviles, y voy con mejor polo de montaje que no requiere potencial mantenimiento. Si usted tiene fácil acceso a su sitio, o estás en una muy pequeña huella, de seguimiento de activos es una gran opción para aumentar el rendimiento.

En los sistemas de muestreo se indican a continuación vamos a utilizar dos paneles de energía solar fotovoltaica como ejemplos. Para pequeños paneles solares fotovoltaicos , con capacidad de 12 V CC cada una, se citan los paneles Dasol de 30, 60, 90 y 135 vatios de potencia. Para los paneles solares fotovoltaicos más grandes usaremos la línea REC utilizando el módulo de 250 vatios popular y ampliamente disponible (el panel) nominal de 24 V CC cada una.

Los sistemas de energía solar se enumeran a continuación utilizarán estos paneles solares, o la combinación de paneles solares para aumentar la tensión y / o corriente de más agua bombeada.

Capítulo Cuatro: Shallow Water Well bombeo con energía solar fotovoltaica de 20 a 200 Profundidades del pie

En este capítulo vamos a ver en el suministro de energía solar y los sistemas de bombeo de un pozo poco profundo de hasta 200 pies de profundidad. Los sistemas más pequeños y de bombeo (aquellas con menos de 200 pies de elevación), como en este ejemplo, pueden utilizar el Shurflo 9300 Bomba sumergible. Las bombas Shurflo son excelentes para estas aguas poco profundas (hasta 230 ') y son ideales para los 12 y 24 VDC sistemas.

Es muy fácil de construir un sistema de energía solar fotovoltaica para alimentar 12 VDC o 24 VDC sistemas.

Paneles solares fotovoltaicos de 100 a 200 watts son ideales en este rango y producen desde 1,95 GPM para profundidades de 20 metros, a 1,52 GPM para profundidades de hasta 230 pies. El SHUFlo 9300 utiliza " desplazamiento positivo Bombas "y cuentan con una alta eficiencia en condiciones de campo. El Shurflo es una buena opción para sus pozos poco profundos, pero porque es un tipo de "desplazamiento positivo" de la bomba de los diafragmas deben ser sustituidos cada 2 a 4 años, dependiendo de la cantidad de uso.

Para cambiar los diafragmas, tendrá que apagar la bomba (en el controlador) para desenganchar la electricidad solar fotovoltaica a la bomba. Entonces usted tiene que tirar de la bomba, que es sacar, con la línea de caída que ha mantenido unida. Es posible que tenga que sustituir los cepillos , diafragma y válvulas cada dos años o más, pero usted conseguirá un gran rendimiento de la bomba. (Nota: Revise el conector entre el cable y la bomba ya que a veces se corroen en entornos hostiles).

El Shurflo 9300 es una bomba sumergible, y con el solar fotovoltaico adecuado puede levantar 1,3 GPM a 230 pies de profundidad, y casi 2 GPM de pozos muy poco profundos.

Paneles solares fotovoltaicos pequeños para bombeo 12 y 24 VDC agua

Como ejemplo vamos a utilizar paneles fotovoltaicos Dasol para el 12 y 24 sistemas de bombeo VDC. Paneles REC Solar PV serán utilizados para los sistemas de bombeo más grandes usando 250 vatios de paneles solares fotovoltaicos en los ejemplos de abajo. Paneles Dasol, y REC Solar PV están hechas de células solares monocristalinas que producen las mayores eficiencias solares, con una fuerte tensión y la producción actual sobre una amplia gama de condiciones solares.

Para alimentar la bomba Shurflo 9300 tendrás que elegir el controlador correcto. Hay dos opciones: el controlador 902 a 100, y el modelo 902 a 200, respectivamente. Cada uno de los sistemas de a continuación han sido seleccionados como sugerencias.

El controlador 902 a 110 es el controlador básico, y no es resistente al agua por lo que asegúrese de montar a cubierto de la intemperie. Los controladores protegen su bomba de una condición de sobrecarga de corriente, así como una situación de baja tensión girando la bomba para proteger el circuito. El 902-100 es ideal para 24 VDC generadores fotovoltaicos solares.

El controlador 902 serie ofrece un interruptor seleccionable para 12 VDC o 24 VDC sistemas. Este controlador incluye un manual de selector / off, así como insumos para tres sensores de alta / baja de agua y el cable del sensor. Los sensores pueden colgar en su bien y detectar una condición de bajo nivel de agua para evitar que la bomba funcione en seco, que puede dañar la bomba.

La siguiente es una lista de los sistemas de bombeo de agua con energía solar fotovoltaica con una lista de piezas. Por favor, escanear a la profundidad del pozo, y de galones por día hasta que encuentre un sistema que describe de cerca sus necesidades de bombeo de agua.

Ejemplo A:

Profundidad del pozo de 20 pies - El suministro de agua 1.95 galones por minuto:

Lista de piezas:

Dos (2) paneles solares fotovoltaicos nominal de 30 vatios y 12 V CC cada una. 60 vatios gama total. Ejemplo del panel PV: Dasol DS-A18-30, tamaño de cada uno: 27.2" x 13.8" x 1" Top-of-Pole Hardware de montaje para dos paneles de 30 vatios (conectados en serie para 24 VDC). Se monta en 1.5" Programar el n # 40 de tubería. Uno Shurflo 9300 Bomba sumergible. 902-200 Controlador Shurflo (flotador válvulas, sensores de nivel de agua, opcional). Caiga cable, cable de alimentación (# 10-2C), y los materiales de cimentación sitio específico

Nota : Para el cálculo de la producción diaria de agua GPM multiplicar x 60 x horas punta para su sitio. Ejemplo: (1.95 x 60 x 5,5) para Kansas en 5,5 horas pico solares enumerados para ese sitio. Esto viene a un promedio de 643 galones por día. Utilice su calificación Pico horas para su sitio para calcular la cantidad de agua que este sistema producirá en su ubicación.

Ejemplo B:

Profundidad del pozo de 20 pies - El suministro de agua de 24 galones por minuto:

Lista de piezas:

Dos (2) paneles solares fotovoltaicos nominal de 250 vatios y 24 V CC cada una, 500 watts total. Ejemplo PV solar: REC Solar PV 250PE, tamaño cada uno: 65.5" x 39" x 1.5" Top-of-Pole Hardware de montaje para dos paneles de 250 vatios (conectados en serie para 48 VDC). Se monta en 2.5 "Programar el n # 40 de tubo. Un (1) Modelo Grundfos Bomba sumergible de 40 SQF-3 con 4 "de diámetro nominal de 24 GPM. Un (1) Grundfos Controller Modelo: 200 um (Float-switch opcional, comunicaciones). Caiga cable, cable de alimentación, y la fundación materiales sitio específico.

Diario de agua bombeada es GPM x 60 x horas punta para su sitio (5,5 horas pico para Kansas como ejemplo). Sistema produce 7.920 galones por día en promedio.

Ejemplo C:

Profundidad del pozo de 50 pies - El suministro de agua 27 galones por minuto:

Lista de piezas:

Cuatro (4) paneles solares fotovoltaicos nominal de 250 vatios y 24 V CC cada una, 1.000 vatios total. Ejemplo del panel solar fotovoltaico: REC Solar PV 250PE, tamaño cada uno: 65.5" x 39" x 1.5" Top-of-Pole Hardware de montaje para cuatro paneles de 250 vatios (conectados en serie para 96 VDC). Se monta en 3.5" Programar el n # 40 de tubo. Un (1) Modelo Grundfos Bomba sumergible de 40 SQF-5 con 4" de diámetro nominal de 27 GPM. U n (1) Grundfos Controller Modelo: 200 um (Float-switch opcional, comunicaciones). Caiga cable, cable de alimentación, y la fundación materiales sitio específico.

Diario de agua bombeada es GPM x 60 x horas punta para su sitio (5,5 horas pico para Kansas como ejemplo). Sistema produce 8.910 galones por día en promedio.

Ejemplo D:

Profundidad del pozo de 60 pies - Agua entregar 1.75 galones por minuto:

Lista de piezas:

Dos (2) paneles solares fotovoltaicos nominal de 60 vatios cada uno para un total de 120 vatios 12 V CC cada una. Ejemplo del panel PV: Dasol DS-A18-60, tamaño de cada uno: 27.2" x 26.2" x 1.38" Top-of-

Pole hardware de montaje para dos paneles de 60 vatios (conectados en serie para 24 VDC). Se monta en 1.5" Programar el n #40 de tubo. Un (1) Shurflo 9300 Bomba Sumergible nominal de 1.75 GPM. Un (1) 902-200 Controlador Shurflo (float-switch, tres sensores de agua opcional). Drop Cable, Cable de alimentación (# 10-2C), y los materiales de cimentación.

Agua total entregado para nuestro ejemplo ubicación (Kansas) con Solar calificación Pico horas de 5,5 horas punta. Total de agua diaria estimada es GPM x 60 x rating pico horas que equivale a 577 galones por día .

Ejemplo E:

Profundidad del pozo de 75 pies - El suministro de agua 8 galones por minuto:

Lista de piezas:

Dos (2) paneles solares fotovoltaicos nominal de 250 vatios y 24 V CC cada una, 500 watts total. Ejemplo PV Solar: REC Solar PV 250PE, tamaño cada uno: 65.5" x 39" x 1.5" Un (1) Top-of-Pole Hardware de montaje para dos paneles de 250 vatios (conectados en serie para 48 VDC). Se monta en 2.5 "Programar el n º#40 de tubo. Un (1) Modelo Grundfos Bomba sumergible SQF-11-2 con 3" de diámetro nominal de 8 GPM. Un (1) Grundfos Controller Modelo: 200 um (Float-switch opcional, comunicaciones). Específico materiales caída de cables, cable de alimentación, y de fundaciones sitio.

Diario de agua bombeada se estima 2.640 galones por día .

Ejemplo F:

Profundidad del pozo 100 pies - Entrega de agua 1.61 galones por minuto:

Lista de piezas:

Dos (2) Paneles fotovoltaicos Solar nominal de 90 vatios cada uno para un total de 180 vatios a 12 VCC cada una. Ejemplo del panel PV: Dasol DS-A18-90, tamaño de cada uno: 39" x 26.2" x 1.38" Top-of-Pole hardware de montaje para dos paneles de 90 vatios (PV conectados en serie para 24 VDC). Se monta en 1.5" Programar el n º#40 de tubo. Un (1) Shurflo 9300 Bomba sumergible. Uno (1) 902-200 Controlador SHURFLO (Opcional dispone de sensores de agua y válvula de flotador). Cable de bajada, cable de alimentación (# 10-2C), y los materiales de cimentación

Estimada de producción diaria de agua 531 galones por día .

Ejemplo G:

Profundidad del pozo de 100 pies - El suministro de agua 6.4 galones por minuto

Lista de piezas:

Dos (2) paneles solares fotovoltaicos nominal de 250 vatios y 24 V CC cada una, 500 watts total. Panel Ejemplo: REC Solar PV Modelo: 250PE, tamaño cada uno: 65.5" x 39" x 1.5" Top-of-Pole Hardware de montaje para dos paneles de 250 vatios (conectados en serie para 48 VDC). Se monta en 2.5" Programar el n #40 de tubo. Un (1) Modelo Grundfos Bomba sumergible SQF-11-2 con 3" de diámetro nominal de 6,4 GPM. Un (1) Grundfos Controller Modelo: 200 um (Float-switch opcional, comunicaciones). Caiga cable, cable de alimentación, y la fundación materiales sitio específico.

Diario de agua bombeada es GPM x 60 x horas punta para su sitio (5,5 horas pico para Kansas como ejemplo). Ascensores y bombas del sistema se estima que 2,112 galones por día.

Ejemplo H:

Profundidad del pozo de 100 pies - El suministro de agua de 12 galones por minuto

Lista de piezas:

Cuatro (4) paneles solares fotovoltaicos nominal de 250 vatios y 24 V CC cada una, 1.000 vatios total. Panel Ejemplo: REC Solar PV Modelo: 250PE, tamaño cada uno: 65.5" x 39" x 1.5" Top-of-Pole Hardware de montaje para cuatro paneles de 250 vatios (conectados en serie para 96 VDC). Se monta en 2.5 "Programar el n # 40 de tubo. Un (1) Modelo Grundfos Bomba sumergible SQF-11-2 con 3" de diámetro nominal de 12 GPM. Un (1) Grundfos Controller Modelo: 200 um (Float-switch opcional, comunicaciones). Caiga cable, cable de alimentación, y la fundación materiales sitio específico.

Diario de agua bombeada es GPM x 60 x horas punta para su sitio (5,5 horas pico para Kansas como ejemplo). Ascensores y bombas del sistema se estima que 3,960 galones por día .

Ejemplo I:

Profundidad del pozo de 100 pies - El suministro de agua 19 galones por minuto

Lista de piezas:

Seis (6) paneles de energía solar fotovoltaica nominal de 250 vatios y 24 V CC cada una, 1.500 vatios total. Ejemplo del panel solar: REC Solar PV Modelo: 250PE, tamaño cada uno: 65.5" x 39" x 1.5" Top-of-Pole Hardware de montaje para seis paneles 250 vatios (conectados en serie para 144 VDC). Se monta en 3.5" Programar el n #40 de tubo. Un (1) Modelo Grundfos Bomba sumergible 25-SQF-7 con 3 "de diámetro nominal de 19 GPM. Un (1) Grundfos Controller Modelo: 200 um (Float-switch opcional, comunicaciones). Caiga cable, cable de alimentación, y la fundación materiales sitio específico.

Diario de agua bombeada es GPM x 60 x horas punta para su sitio (5,5 horas pico para Kansas como ejemplo). Ascensores y bombas del sistema se estima que 6,270 galones por día.

Ejemplo J:

Profundidad del pozo de 200 pies - El suministro de agua de 1.52 galones por minuto

Lista de piezas:

Dos (2) Paneles fotovoltaicos Solar nominal de 135 vatios cada uno para un total de 270 vatios a 12 VCC cada una. Panel Ejemplo: Dasol DS-A18-135, cada uno Tamaño: 56.7" x 26.2" x 1.38" Peso: £ 24 -Top de polos hardware de montaje para dos paneles de 135 vatios (PV conectados en serie para 24 VDC) se monta en 1.5" Programar el n #40 de la tubería. Un (1) Shurflo 9300 Bomba sumergible. Uno (1) 902-200 Controlador SHURFLO (Opcional válvula de flotador, y sensores de agua). Drop Cable, Cable de alimentación (# 10-2C), y los materiales de cimentación.

El agua bombeada por día para Kansas, con 5,5 horas punta (sustituir las ubicaciones de calificación en horas punta) es igual a GPM x 60 x horas punta. El total de agua bombeada 500 galones por día.

Ejemplo K:

Profundidad del pozo de 200 pies - El suministro de agua 3.8 galones por minuto

Lista de piezas:

Cuatro (4) paneles solares fotovoltaicos nominal de 250 vatios y 24 V CC cada una, 1.000 vatios total. Ejemplo: paneles solares REC Solar PV Modelo: 250PE, tamaño cada uno: 65.5" x 39" x 1.5" Top-of-Pole Hardware de montaje para cuatro paneles de 250 vatios (conectados en serie para 96 VDC). Se monta en 2.5" Programar el n #40 de tubo. Un (1) Grundfos Bomba Sumergible Modelo 6-SQF-2 con 3" de diámetro nominal de 3,8 GPM Grundfos Controller Modelo: 200 um (Float-switch opcional, comunicaciones). Caiga cable, cable de alimentación, y la fundación materiales sitio específico.

Diario de agua bombeada es GPM x 60 x horas punta para su sitio (5,5 horas pico para Kansas como ejemplo). Ascensores y bombas del sistema se estima que 1,254 galones por día.

Ejemplo L:

Profundidad del pozo de 200 pies - El suministro de agua 7.6 galones por minuto

Lista de piezas:

Cuatro (4) paneles solares fotovoltaicos nominal de 250 vatios y 24 V CC cada una, 1.000 vatios total. Ejemplo PV solar: REC Solar PV Modelo: 250PE, tamaño cada uno: 65.5" x 39" x 1.5" Top-of-Pole Hardware de montaje para cuatro paneles de 250 vatios (conectados en serie para 96 VDC). Se monta en 2.5" Programar # 40 pipe. One (1) Modelo Grundfos Bomba sumergible SQF-11-2 con 3" de diámetro nominal de 7,6 GPM. Un (1) Grundfos Controller Modelo: 200 um (Float-switch opcional, comunicaciones). Caiga cable, cable de alimentación, y la fundación materiales sitio específico.

Diario de agua bombeada es GPM x 60 x horas punta para su sitio (5,5 horas pico para Kansas como ejemplo). Ascensores y bombas del sistema se estima que 2,500 galones por día.

Ejemplo M:

Profundidad del pozo de 200 pies - El suministro de agua de 12 galones por minuto

Lista de piezas:

Seis (6) paneles de energía solar fotovoltaica nominal de 250 vatios y 24 V CC cada una, 1.500 vatios total. Ejemplo panel de energía solar fotovoltaica: REC Solar PV Modelo: 250PE, tamaño cada uno: 65.5" x 39" x 1.5" Top-of-Pole Hardware de montaje para seis paneles 250 vatios (conectados en serie para 144 VDC). Se monta en 3.5" Programar el n #40 de tubo. Un (1) Modelo Grundfos Bomba sumergible SQF-11-2 con 3" de diámetro nominal de 12 GPM. Grundfos Controller Modelo: 200 um (Float-switch opcional, comunicaciones). Caiga cable, cable de alimentación, y la fundación materiales sitio específico.

Diario de agua bombeada es GPM x 60 x horas punta para su sitio (5,5 horas pico para Kansas como ejemplo). Ascensores y bombas del sistema se estima que 3,960 galones por día.

Capítulo Cinco - pozos de bombeo solares de 400 pies de profundidad

En este capítulo vamos a ver en los sistemas de bombeo de agua solares fotovoltaicos alimentados por pozos profundos hasta la profundidad de 400 pies. A medida que más y más profundo que tenemos que aumentar la tensión y la corriente producida por el generador fotovoltaico solar. Los pozos de agua más profundas de 200 metros requieren más de 48 paneles solares VDC, y están mejor conectados de 96 VDC. Paneles solares fotovoltaicos son generalmente clasificados hasta 600 VDC para que sus paneles están bien diseñados y son muy buenos para el bombeo de agua a estas tensiones.

Ejemplo N:

Profundidad del pozo de 400 pies - El suministro de agua 1.8 galones por minuto

Lista de piezas:

Dos (2) paneles solares fotovoltaicos nominal de 250 vatios y 24 V CC cada una, 500 watts total. Paneles fotovoltaicos Ejemplo: REC Solar PV Modelo: 250PE, tamaño cada uno: 65.5" x 39" x 1.5" Top-of-Pole Hardware de montaje para dos paneles de 250 vatios (conectados en serie para 48 VDC). Se monta en 2.5" Programar el n #40 de tubo. Un (1) Grundfos Bomba Sumergible Modelo 3-SQF-3 con 3" de diámetro nominal de 1,8 GPM. Un (1) Grundfos Controller Modelo: 200 um (Float-switch opcional, comunicaciones). Caiga cable, cable de alimentación, y la fundación materiales sitio específico.

Diario de agua bombeada es GPM x 60 x horas punta para su sitio (5,5 horas pico para Kansas como ejemplo). Ascensores y bombas del sistema se estima que 594 galones por día.

Ejemplo O:

Profundidad del pozo de 400 pies - El suministro de agua 4.8 galones por minuto

Lista de piezas:

Cuatro (4) paneles solares fotovoltaicos nominal de 250 vatios y 24 V CC cada una, 1.000 vatios total. Paneles Ejemplo: REC Solar PV Modelo: 250PE, tamaño cada uno: 65.5" x 39" x 1.5" Top-of-Pole Hardware de montaje para cuatro paneles de 250 vatios (conectados en serie para 96 VDC). Se monta en 3.5" Programar el n # 40 de tubo. Un (1) Grundfos Bomba Sumergible Modelo 6-SQF-3 con 3" de diámetro nominal de 4,8 GPM. Un (1) Grundfos Controller Modelo: 200 um (Float-switch opcional, comunicaciones). Caiga cable, cable de alimentación, y la fundación materiales sitio específico.

Diario de agua bombeada es GPM x 60 x horas punta para su sitio (5,5 horas pico para Kansas como ejemplo). Ascensores y bombas del sistema se estima que 1,584 galones por día.

Ejemplo P:

Profundidad del pozo de 400 pies - El suministro de agua 5.7 galones por minuto

Lista de piezas:

Seis (6) paneles de energía solar fotovoltaica nominal de 250 vatios y 24 V CC cada una, 1.500 vatios total. Paneles Ejemplo: REC Solar PV Modelo: 250PE, tamaño cada uno: 65.5" x 39" x 1.5" Top-of-Pole Hardware de montaje para seis paneles 250 vatios (conectados en serie para 144 VDC). Se monta en 3.5" Programar el n º 40 de tubo. Un (1) Grundfos Bomba Sumergible Modelo 6-SQF-3 con 3 "de diámetro nominal de 5,7 GPM. Un (1) Grundfos Controller Modelo: 200 um (Float-switch opcional, comunicaciones). Caiga cable, cable de alimentación, y la fundación materiales sitio específico.

Diario de agua bombeada es GPM x 60 x horas punta para su sitio (5,5 horas pico para Kansas como ejemplo). Ascensores y bombas del sistema se estima que 1,881 galones por día.

Capítulo Seis - Sistemas de bombeo solar para pozos de agua hasta una profundidad de 650 pies

A continuación se enumeran varios sistemas de bombeo de agua alimentado por energía solar fotovoltaica para pozos profundos de hasta 650 pies de profundidad. Como se bombean profundidades más profundas puede ser necesario empalmar el cable de alambre de longitudes más cortas. Después de estimar la longitud total de cable que necesita para su bienestar, (Añadir 20 pies de margen), trata de comprar el cable en una longitud en un carrete. Sin embargo, el cable de empalme a veces es necesario que los carretes se pueden limitar a 100 o 250 pies de largo, respectivamente, dependiendo de su proveedor (existen carretes de 500 pies). Kits de empalme están disponibles de su fabricante de la bomba, o proveedor de cable local, y serán necesarias si su profundidad es superior a la bomba una sola longitud de cable en el carrete

(generalmente 2C con alambre de tierra).
Empalmes, instalados correctamente son robustos,
asegúrese de envoltorio con una pistola de aire
caliente antes de usar.

Ejemplo Q:

Profundidad del pozo 650 pies - El suministro de
agua 0.9 galones por minuto

Lista de piezas:

Dos (2) paneles solares fotovoltaicos nominal de
250 vatios y 24 V CC cada una, 500 watts total. Panel
Ejemplo: REC Solar PV Modelo: 250PE, tamaño cada
uno: 65.5" x 39" x 1.5" Top-of-Pole Hardware de
montaje para dos paneles de 250 vatios
(conectados en serie para 48 VDC). Se monta en
2.5" Programar el n # 40 de tubo. Un (1) Grundfos
Bomba Sumergible Modelo 3-SQF-3 con 3" de
diámetro nominal de 0,9 GPM. Un (1) Grundfos
Controller Modelo: 200 um (características
opcionales Float switches, comunicaciones). Caiga
cable, cable de alimentación, y la fundación
materiales sitio específico.

Diario de agua bombeada es GPM x 60 x horas
punta para su sitio (5,5 horas pico para Kansas como
ejemplo). Ascensores y bombas del sistema se
estima que 297 galones por día .

Ejemplo I:

Profundidad del pozo 650 pies - El suministro de agua 2.5 galones por minuto

Lista de piezas:

Cuatro (4) paneles solares fotovoltaicos nominal de 250 vatios y 24 V CC cada una, 1.000 vatios total. Paneles Ejemplo: REC Solar PV Modelo: 250PE, tamaño cada uno: 65.5" x 39" x 1.5" Top-of-Pole Hardware de montaje para cuatro paneles de 250 vatios (conectados en serie para 96 VDC). Se monta en 3.5" Programar el n # 40 de tubo. Un (1) Grundfos Bomba Sumergible Modelo 3-SQF-3 con 3" de diámetro nominal de 2,5 GPM. Un (1) Grundfos Controller Modelo: 200 um (Float-switch opcional, comunicaciones). Caiga cable, cable de alimentación, y la fundación materiales sitio específico.

Diario de agua bombeada es GPM x 60 x horas punta para su sitio (5,5 horas pico para Kansas como ejemplo). Solar ascensores sistema de bombeo y bombas un estimado de 825 galones por día.

Ejemplo S:

Profundidad del pozo 650 pies - El suministro de agua 4.1 galones por minuto

Lista de piezas:

Seis (6) paneles de energía solar fotovoltaica nominal de 250 vatios y 24 V CC cada una, 1.500

vatios total. Paneles Ejemplo: REC Solar PV Modelo: 250PE, tamaño cada uno: 65.5" x 39" x 1.5" Top-of-Pole Hardware de montaje para seis paneles 250 vatios (conectados en serie para 144 VDC). Se monta en 3.5" Programar el n # 40 de tubo. Un (1) Grundfos Bomba Sumergible Modelo 6-SQF-3 con 3 "de diámetro nominal de 4,1 GPM. Un (1) Grundfos Controller Modelo: 200 um (Float-switch opcional, comunicaciones). Caiga cable, cable de alimentación, y la fundación materiales sitio específico.

Diario de agua bombeada es GPM x 60 x horas punta para su sitio (5,5 horas pico para Kansas como ejemplo). Ascensores y bombas del sistema se estima que 1,353 galones por día.

Capítulo Siete - Sistemas de bombeo solar para pozos de 800 pies de profundidad

Sistemas de bombeo de agua solares para profundidades de 800 pies requieren tensiones fuertes. Paneles solares fotovoltaicos están conectados en serie a "Agregar" voltaje. Para producir, alambre actual "amperios" los paneles solares más (o sub-cuerdas) en paralelo. Los sistemas de bombeo fotovoltaicos solares inferiores están configurados para levantar y bombear el agua que figuran en los galones diarios por día de agua entregada.

Bombas sumergibles Grundfos son duraderas en el campo (carcasa de acero inoxidable), e instalados correctamente pueden operar 12 a 15 años con un mantenimiento mínimo.

Si usted está bombeando a un tanque o cisterna cerca de su Bueno, asegúrese de añadir la distancia vertical que todavía tiene que bombear una vez el agua ha alcanzado la cima de su bien para su elevación total requerida.

Ejemplo T:

Profundidad del pozo de 800 pies - El suministro de agua 1.6 galones por minuto

Lista de piezas:

Cinco (5) paneles solares fotovoltaicos nominal de 250 vatios y 24 V CC cada una, 1.250 vatios total.

 Ejemplo solar: REC Solar PV Modelo: 250PE, tamaño cada uno: 65.5" x 39" x 1.5" Top-of-Pole Hardware de montaje para cinco paneles 250 vatios (conectados en serie para 120 VDC). Se monta en 2.5" Programar el n # 40 de tubo. Un (1) Grundfos Bomba Sumergible Modelo 6-SQF-3 con 3" de diámetro nominal de 1,6 GPM.

Un (1) Grundfos Controller Modelo: 200 um (Float-switch opcional, comunicaciones). Caiga cable, cable de alimentación, y la fundación materiales sitio específico.

Diario de agua bombeada es GPM x 60 x horas punta para su sitio (5,5 horas pico para Kansas como ejemplo). Ascensores solar sistema de energía y bombas un estimado de 528 galones por día.

Ejemplo U:

Profundidad del pozo de 800 pies - El suministro de agua 2.5 galones por minuto

Lista de piezas:

Cuatro (4) paneles solares fotovoltaicos nominal de 250 vatios y 24 V CC cada una, 1.000 vatios total. Ejemplo: paneles solares REC Solar PV Modelo: 250PE, tamaño cada uno: 65.5" x 39" x 1.5" Top-of-Pole Hardware de montaje para cuatro paneles de 250 vatios (conectados en serie para 96 VDC). Se monta en 3.5" Programar el n # 40 de tubo. Un (1) Grundfos Bomba Sumergible Modelo 6-SQF-3 con 3" de diámetro nominal de 2,5 GPM. Un (1) Grundfos Controller Modelo: 200 um (Float-switch opcional, comunicaciones). Caiga cable, cable de alimentación, y la fundación materiales sitio específico.

Diario de agua bombeada es GPM x 60 x horas punta para su sitio (5,5 horas pico para Kansas como ejemplo). Solar ascensores sistema de bombeo y bombas un estimado de 825 galones por día.

Ejemplo V:

Profundidad del pozo de 800 pies - El suministro de agua 3.4 galones por minuto

Lista de piezas:

Seis (6) paneles de energía solar fotovoltaica nominal de 250 vatios y 24 V CC cada una, 1.500 vatios total. Ejemplo: paneles solares REC Solar PV Modelo: 250PE, tamaño cada uno: 65.5" x 39" x 1.5" Top-of-Pole Hardware de montaje para seis paneles 250 vatios (conectados en serie para 144 VDC). Se monta en 3.5" Programar el n # 40 de tubo. Un (1) Grundfos Bomba Sumergible Modelo 6-SQF-3 con 3 "de diámetro nominal de 3,4 GPM. Un (1) Grundfos Controller Modelo: 200 um (Float-switch opcional, comunicaciones). Caiga cable, cable de alimentación, y la fundación materiales sitio específico.

Diario de agua bombeada es GPM x 60 x horas punta para su sitio (5,5 horas pico de sol de Kansas como ejemplo). Ascensores del Sistema Solar y bombas un estimado de 1,122 galones por día.

Si usted está buscando un sistema fotovoltaico de bombeo de agua solar con más de esta capacidad, y buscar un sistema más grande, por favor visite **Solardyne.com** para más información con respecto a sistemas más grandes.

Capítulo Ocho - Solar de Bombeo de Agua de un Shallow corriente, cala, lago, estanque, río, tanque o cisterna

En los capítulos anteriores nos fijamos en bombas sumergibles para el bombeo de agua de pozo. Ahora vamos a considerar el bombeo de una fuente superficial de agua natural, como un arroyo, lago, arroyo o estanque, así como el bombeo de los tanques y cisternas. La calidad del agua es más de un problema con las fuentes superficiales y los componentes básicos para su sistema de bombeo solar fotovoltaico por lo general implican un filtro en línea, la manguera de In-take (la única parte sumergida en la fuente de agua), la propia bomba, el controlador para administrar el sistema, y la energía del panel de suministro de energía solar fotovoltaica.

A diferencia de los sitios típicos para Sumergible Wells, que son a menudo a la intemperie y ofrecemos buen acceso solar a los paneles solares fotovoltaicos, las fuentes superficiales de agua están a menudo bajo la cubierta de árboles o arbustos. Si la bomba está a la sombra , puede ser necesario sitio de los paneles solares fotovoltaicos a una distancia de la bomba (el más cercano a la bomba mejor para evitar la caída de voltaje a través de largas distancias de cables). Bombas de superficie, del tipo utilizado para las fuentes de agua poco profundas, no son sumergidas, y necesitan estar situados muy cerca de la fuente de agua. Bombas de superficie se mantienen por encima del suelo con sólo la manguera de entrada sumergida bajo el agua. Bombas de superficie requieren una base sólida, y por lo general justifican una pequeña plataforma de cemento, como una fundación.

Bombeo de agua de la superficie es una necesidad común. Muchas granjas, huertos, jardines comerciales y jardines más pequeños utilizan una Alimentación por gravedad del sistema para el riego. Los dueños de casa a distancia y cabañas también utilizan este método de contar con un tanque o cisterna que llene con agua de alguna fuente. Una vez lleno, el agricultor se abre una válvula cerca de la parte inferior del tanque para liberar agua para su campo. En el caso de los propietarios de la casa a distancia, el tanque se coloca al menos 40 pies (70 metros) mejores encima de la casa para proporcionar una presión adecuada. La pregunta aquí es la fuente de agua para llenar el tanque. Y, el suministro de energía PV solar necesaria para accionar el sistema y entregar su agua.

Bombeo solar de agua se utiliza a menudo para llenar los tanques y cisternas de una fuente de agua, como un arroyo, una laguna y otra fuente situada debajo del depósito y a cierta distancia de la casa. Los siguientes superficial Sistemas de bombeo de superficie y sus respectivas fuentes de alimentación solares están diseñados para estas situaciones. Bombeo de agua superficial por lo general requiere una etapa de filtro. Seleccione el filtro a 10 Micron permeabilidad para una mayor vida útil de la bomba. A menudo, bombas de superficie requieren la bomba debe cebarse antes de comenzar el bombeo. Si es necesario, la mayoría de los fabricantes ofrecen una bomba de la válvula de pedal que le permite llevar el agua desde la fuente a la bomba para el arranque. La válvula de pie ceba la bomba para el arranque.

Bombeo de agua solar lento y Eficiente

Bombas lentas se aprovechan de muy baja potencia necesaria para bombear miles de galones por día. Para lograr esta alta eficiencia de las bombas lentas se muelen para tolerancias muy altas y por lo tanto no toleran arena en el agua. Utilice filtros en línea para eliminar partículas finas y turbidez para proteger su bomba para una larga vida. Filtros en línea se clasifican según la multa a partículas que pueden filtrar, para bombas lentas utilizan 10 micras filtros.

El agua se mueve a través de una resistencia a los encuentros de tuberías. El bombeo de agua demasiado rápido, en un porcentaje demasiado importante, para un diámetro de tubería dada aumenta la resistencia no sólo la desaceleración de su suministro de agua, pero pone presión extra en la espalda de su bomba. Bombeo de agua con una bomba lenta con 0,5 "o 0,75" salidas hembra está diseñado para mover la cantidad apropiada de agua para una elevación dada, caudal y suministro de energía solar.

Sistemas de bombeo lento energía solar son muy adecuadas para el 12 , 24 y 48 VDC sistemas de energía solar. Sin embargo, para el accionamiento de bombas lentas directamente desde el campo fotovoltaico solar que necesita para utilizar el controlador correcto. En la fase de puesta en marcha, más de 12, 24, y 48 sistemas de energía solar VDC necesitan un Linear Booster actual (LCB). El refuerzo LCB (incluido en el controlador) coincide con la tensión y la intensidad de su panel de la energía solar fotovoltaica a la tensión y la corriente de la bomba. El refuerzo también se acumula una carga suficiente para ayudar en el modo de puesta en marcha, donde las bombas siempre dibujar un fuerte pico de la corriente.

El Controlador de Bomba LCB DSP-200 Dankoff es ideal para 12 y 24 sistemas de bombeo VDC us a 200 vatios de potencia máxima. Impulsores de corriente lineal (LCB) añaden una gran eficiencia en bajos niveles de luz solar.

Los sistemas de energía solar Ejemplo enumerarán el hardware adecuado para la elevación dada (Rise), y la distancia lineal a través de la tubería (Run) y (galones por día) para una situación dada. Desplácese hacia abajo hasta encontrar un sistema más similar a su proyecto.

Navegar por los sistemas de muestreo hasta que encuentre el que se cierra a sus necesidades de agua. Estos ejemplos dan una idea de la bomba de concreto, y el suministro de energía solar que necesita para bombear un ascensor dado y distancia para su proyecto.

Ejemplo W:

Rise (Lift Total): 20 pies
Run (Distancia total a través de tuberías): Hasta 4 millas

Shallow Water Fuente: Pond, cala, arroyo, lago, pequeño río, tanque o cisterna - velocidad de suministro de agua 9.3 galones por minuto

Lista de piezas:

Dos (2) Panel de energía solar fotovoltaica nominal de 135 vatios a 12 V CC cada una, 270 Watts total. Ejemplo paneles solares pv: Dasol DS-A18-135, cada uno Tamaño: 56.7" x 26.2" x 1.38" Top-of-Pole Hardware de montaje para dos paneles de 135 vatios (conectados en serie 48 VDC). Se monta en 1.5" Programar el n º 40 de tubería (panel solar solamente). Un (1) Dankoff Superficie Fuerza Solar Pump Modelo: 3040-48PV. Un (1) Dankoff Easy Install Kit para la Fuerza Solar Piston Pumps. Un (1) Dankoff 30" Filtro en línea / Pie Válvula Dankoff Controller Modelo: PPT-48-10 incluye NEMA 3R, flotar-switch opciones le permiten tener un interruptor de flotador del tanque de vacío y un interruptor de flotador del tanque completo. Caiga cable, cable de alimentación, y la fundación materiales sitio específico. Quart de Grado Alimenticio 30 en peso de aceite no tóxico. Kit de reparación de base de 3.040 módulos.

Diario de agua bombeada es GPM x 60 x horas punta para su sitio (5,5 horas pico para Kansas como ejemplo). Ascensores y bombas del sistema se estima que 3,069 galones por día .

Ejemplo X:

Rise (Lift Total): 100 pies
Run (Distancia total a través de tuberías): Hasta 4 millas

Shallow Water Fuente: Pond, cala, arroyo, lago, pequeño río, tanque o cisterna - velocidad de suministro de agua 2.3 galones por minuto

Lista de piezas:

Un (1) Panel de energía solar fotovoltaica una potencia de 135 vatios a 12 VCC cada una. Ejemplo la energía solar fotovoltaica: Dasol Solar PV Módulo DS-A18-135, cada uno Tamaño: 56.7" x 26.2" x 1.38" Top-of-Pole Hardware de montaje para un panel de 135 vatios (12 V CC). Se monta en 1.5" Programar el n # 40 de tubería (panel solar solamente). Una (1) bomba de superficie Dankoff Slow Modelo de la bomba: 1303. Un (1) Dankoff 30 "Válvula Filtro en Línea / Pie. Interruptor Run-Dry Dankoff. Un (1) Dankoff Controller Modelo: DSP-200 incluye NEMA 3R, opción de flotar-switch. Caiga cable, cable de alimentación, y la fundación materiales sitio específico.

Diario de agua bombeada es GPM x 60 x horas punta para su sitio (5,5 horas pico para Kansas como ejemplo). Ascensores y bombas del sistema se estima que 759 galones por día .

Ejemplo Y:

Rise (Lift Total): 100 pies
Run (Distancia total a través de tuberías): Hasta 4 millas

Shallow Water Fuente: Pond, cala, arroyo, lago, pequeño río, tanque o cisterna - velocidad de suministro de agua 9.1 galones por minuto

Lista de piezas:

Cuatro (4) Panel de energía solar fotovoltaica una potencia de 135 vatios a 12 V CC cada una, 540 Watts total. Paneles Ejemplo: paneles solares fotovoltaicos Dasol DS-A18-135, cada uno Tamaño: 56.7" x 26.2" x 1.38" Top-of-Pole Hardware de montaje para cuatro paneles de 135 vatios (conectados en serie 48 VDC).

Se monta en 2.5" Programar el n # 40 de tubería (panel solar solamente). Un (1) Dankoff Superficie Fuerza Solar Pump Modelo: 3040-48PV. Un (1) Dankoff Easy Install Kit para la Fuerza Solar Piston Pumps. Un (1) Dankoff 30 "Filtro en línea / válvula de pie. Un (1) Dankoff Controller Modelo: PPT-48-10 incluye NEMA 3R, las opciones de flotar-switch permitirá tener un interruptor de flotador del tanque de vacío y un interruptor de flotador del tanque completo. Caiga cable, cable de alimentación, y la fundación materiales sitio específico. Quart de Grado Alimenticio 30 en peso de aceite no tóxico. Kit de reparación básica para 3040 los módulos.

Diario de agua bombeada es GPM x 60 x horas punta para su sitio (5,5 horas pico para Kansas como ejemplo). Sistema de arriba ascensores y bombas un estimado de 3,000 galones por día.

Ejemplo Z:

Rise (Lift Total): 200 metros,
Run (Distancia total a través de tuberías): Hasta 4 millas

Shallow Water Fuente: Pond, cala, arroyo, lago, pequeño río, tanque o cisterna - velocidad de suministro de agua 2.1 galones por minuto

Lista de piezas:

Dos (2) Panel de energía solar fotovoltaica nominal de 135 vatios a 12 V CC cada una, 270 Watts total. Paneles Ejemplo: Dasol DS-A18-135, cada uno Tamaño: 56.7" x 26.2" x 1.38" Peso: £ 24 Hardware Top-of-Polo de montaje para dos paneles vatios 135 (cableado en serie 24 VDC). Se monta en 1.5" Programar el n # 40 de tubería (panel solar solamente). Una (1) bomba de superficie Dankoff Slow Modelo de la bomba: 1303. Un (1) Dankoff 30 "Interruptor de Filtro en Línea / Pie ValveDankoff Dry-Run. Un (1) Dankoff Controller Modelo: DSP-200 incluye NEMA 3R, opción de flotar-switch. Caiga cable, cable de alimentación, y la fundación materiales sitio específico.

Diario de agua bombeada es GPM x 60 x horas punta para su sitio (5,5 horas pico para Kansas como ejemplo). Sistema de arriba ascensores y bombas un estimado de 693 galones por día .

Ejemplo AA:

Rise (Lift Total): 200 pies
Run (Distancia total a través de tuberías): Hasta 4 millas

Shallow Water Fuente: Pond, cala, arroyo, lago, pequeño río, tanque o cisterna - velocidad de suministro de agua 4.8 galones por minuto.

Lista de piezas:

Cuatro (4) Panel de energía solar fotovoltaica una potencia de 135 vatios a 12 V CC cada una, 540 Watts total. Paneles fotovoltaicos Ejemplo: paneles solares fotovoltaicos Dasol DS-A18-135, cada uno Tamaño: 56.7" x 26.2" x 1.38" Top-of-Pole Hardware de montaje para cuatro paneles de 135 vatios (conectados en serie 48 VDC). Se monta en 2.5" Programar el n # 40 de tubería (panel solar solamente). Un (1) Dankoff Superficie Fuerza Solar Pump Modelo: 3040-48PV. Un (1) Dankoff Easy Install Kit para bombas de pistón Fuerza Solar, Modelo: EZ3000, incluye Brass colector, válvula de bola, válvula de retención, manómetro, interruptor de presión, accesorios y manguera babero.

Un (1) Dankoff Controller Modelo: PPT-48-10 incluye NEMA 3R, las opciones de flotar-switch permitirá tener un interruptor de flotador del tanque de vacío y un interruptor de flotador del tanque completo. Un (1) Kit de interruptor de flotador. Un (1) tanque vacío Apagado, Modelo: 11002. Un (1) Interruptor de flotador Kit tanque lleno de cierre, Modelo: 11023. Caiga cable, cable de alimentación, y la fundación materiales sitio específico.

Quart de Grado Alimenticio 30 en peso de aceite no tóxico (Para lubricar el motor). Un (1) Kit de

Reparación básica de 3.040 módulos, modelo: 3522, incluye un kit de embalaje, Neopreno Válvula discos, caja de agua Juntas, Muelles de válvula con lavadora / chavetas y Cub Cueros. Entrada de diámetro puerto es de 1,5 pulgadas, con puerto de salida diámetro de 1 pulgada.

Diario de agua bombeada es GPM x 60 x horas punta para su sitio (5,5 horas pico para Kansas como ejemplo). Ascensores del Sistema Solar y bombas un estimado de 1,584 galones por día.

Ejemplo BB:

Rise (Lift Total): 400 pies
Run (Distancia total a través de tuberías): Hasta 4 millas

Shallow Water Fuente: Pond, cala, arroyo, lago, pequeño río, tanque o cisterna - velocidad de suministro de agua 1.1 galones por minuto

Lista de piezas:

Tres (3) Panel de energía solar fotovoltaica una potencia de 135 vatios a 12 V CC cada una, 405 Watts total. Paneles solares fotovoltaicos Ejemplo: Dasol DS-A18-135, cada uno Tamaño: 56.7" x 26.2" x 1.38" Top-of-Pole Hardware de montaje para tres paneles vatios (135 conectados en serie 36 VDC). Se monta en 1.5" Programar el n ° 40 de tubería (panel solar solamente). Una (1) bomba de superficie Dankoff Slow Modelo de la bomba: 1303. Un (1)

Dankoff 30" Filtro en línea / válvula de pie. Un (1) Cambiar Dankoff Dry-Run. Un (1) Dankoff Controller Modelo: DSP-200 incluye NEMA 3R, opción de flotar-switch. Caiga cable, cable de alimentación, y la fundación materiales sitio específico.

Diario de agua bombeada es GPM x 60 x horas punta para su sitio (5,5 horas pico para Kansas como ejemplo). Ascensores y bombas del sistema se estima que 363 galones por día .

Ejemplo CC:

Bombas Dankoff Solaram de diafragma se utilizan para el bombeo de agua industrial y comercial ligero. Fuentes de alimentación de energía solar fotovoltaica en 24 VDC ofrecen un rendimiento extraordinario para levantar agua a grandes alturas de hasta 960 pies. La bomba de diafragma es Solaram bomba de superficie más potente de Dankoff. Estas bombas de diafragma son difíciles y construcción resistente. T olerante a la arena y el funcionamiento en seco, estas bombas ofrecen un duro caballo de trabajo para ubicaciones extremas.

Rise (Lift Total): 400 pies
Run (Distancia total a través de tuberías): Hasta 4 millas

Shallow Water Fuente: Pond, cala, arroyo, lago, pequeño río, tanque o cisterna - velocidad de suministro de agua 4.4 galones por minuto

Lista de piezas:
Seis (6) Panel de energía solar fotovoltaica una potencia de 135 vatios y 12 V CC cada una, 810 Watts total. Paneles pv Ejemplo: paneles solares fotovoltaicos Dasol DS-A18-135, cada uno Tamaño: 56.7" x 26.2" x 1.38" Top-of-Pole Hardware de montaje para seis paneles 135 vatios (cableados en paralelo / serie 24 VDC). Se monta en 2.5" Programar el n # 40 de tubería (paneles solares solamente). Un (1) Dankoff Solaram Bomba de diafragma Modelo: 23. Controlador Un (1) Dankoff Solaram 30 amperios para 24 VDC Bombas solares.

Un (1) Dankoff 30" Filtro en línea / válvula de pie. Opciones Un (1) Dankoff flotador-interruptor permitirá tener un interruptor de vacío del tanque de flotación y un interruptor de flotador del tanque completo de encendido / apagado automático. Un (1) Kit Dankoff Float-Switch. Caiga cable, cable de alimentación, y la fundación materiales lugar, además de un cuarto de grado alimenticio 30 en peso de aceite de lubricación no tóxico.

Diario de agua bombeada es GPM x 60 x horas punta para su sitio (5,5 horas pico para Kansas como ejemplo). Ascensores y bombas del sistema se estima que 1,452 galones por día.

Almacenamiento de agua y presurización

Sistemas de bombeo de agua convencionales para viviendas aisladas , o Cabañas , bomba de agua de un pozo o fuente de agua poco profunda en una presión del tanque "que almacena el agua para el uso en el hogar. Bombas de presión se pueden montar en la planta baja, cerca de la casa o cabaña. La presión para mover el agua desde el depósito hasta su casa / cabina es producida por una cámara inflable en el interior del tanque que empuja el agua a través de las tuberías de origen. Esta presión inflable es alimentado por la fuente de alimentación solar / viento en el lugar, y es además de la energía solar utilizado en bombear el agua al tanque.

Otro enfoque, sólo con el bombeo de agua solar, utiliza la gravedad para producir la presión de agua de la casa. El suministro de energía PV solar bombas de agua, el uso de paneles solares fotovoltaicos, desde su fuente de agua (por ejemplo, un arroyo cercano) a un depósito situado a una altitud superior a su hogar. Se obtiene la presión mínima para el uso doméstico cuando el tanque se encuentra por lo menos 40 pies por encima de la casa. Para llegar a 30 PSI, presión normal del agua considerada en las ciudades que usted debe tener su tanque por lo menos 70 pies por encima de la casa.

Sistemas de bombeo de agua solares son excelentes para llenar su tanque de almacenamiento, y equipado con un Float-Switch, la bomba se puede apagar cuando el depósito está lleno. Float-switches pueden instalarse en tanques y cisternas de hasta 200 pies de distancia de su controlador de la bomba.

Capítulo Nueve: Guía rápida para solares Ejemplos de bombeo de agua en Levante, Caudal y Galones por Día

Diferentes sistemas de bombeo de agua alimentado por energía solar fotovoltaica en función de si usted está bombeando de un pozo o de una fuente superficial, Ascensor total, Solar Pumped caudales, y la entrega de agua diaria en galones por día se dio antes en cada capítulo son.

Sistemas de bombeo fotovoltaicos Solar Powered para Fuentes de Agua profundas como pozos:

Ejemplos de sistemas solares de bombeo de agua en la profundidad del pozo, Caudal en galones por minuto (GPM) y Total de galones diarios de galones por día (GPD)

A: 20 Pie Bueno, bombeando 1,95 GPM, la entrega de 643 GPD

B: 20 Pie Bueno, el bombeo de 24 GPM, la entrega de 7,920 GPD

C: 50 Pie Bueno, bombeando 27 GPM, la entrega de 8910 GPD

D: 60 Pie Bueno, el bombeo de 1.75 GPM, la entrega de 577 GPD

E: 75 Pie Bueno, el bombeo de 8 GPM, la entrega de 2,640 GPD

F: 100 Pie Bueno, el bombeo de 1.61 GPM, la entrega de 531 GPD

G: 100 Pie Bueno, el bombeo de 6.4 GPM, la entrega de 2,112 GPD

H: 100 Pie Bueno, el bombeo de 12 GPM, la entrega de 3,960 GPD

I: 100 Pie Bueno, el bombeo de 19 GPM, la entrega de 6,270 GPD

J: 200 Pie Bueno, el bombeo de 1.52 GPM, la entrega de 500 GPD

K: 200 Pie Bueno, el bombeo de 3.8 GPM, la entrega de 1,254 GPD

L: 200 Pie Bueno, el bombeo de 7.6 GPM, la entrega de 2,500 GPD

M: 200 Pie Bueno, el bombeo de 12 GPM, la entrega de 3,960 GPD

N: 400 Pie Bueno, el bombeo de 1.8 GPM, la entrega de 594 GPD

O: 400 Pie Bueno, el bombeo de 4.8 GPM, la entrega de 1,584 GPD

P: 400 Pie Bueno, el bombeo de 5.7 GPM, la entrega de 1,881 GPD

Q: 650 Pie Bueno, el bombeo de 0.9 GPM, la entrega de 297 GPD

R: 650 Pie Bueno, el bombeo de 2.5 GPM, la entrega de 825 GPD

S: 650 Pie Bueno, el bombeo de 4.1 GPM, la entrega de 1,353 GPD

T: 800 Pie Bueno, el bombeo de 1.6 GPM, la entrega de 528 GPD

U: 800 Pie Bueno, el bombeo de 2.5 GPM, la entrega de 825 GPD

V: 800 Pie Bueno, el bombeo de 3.4 GPM, la entrega de 1,122 GPD

Shallow Fuente sistemas de bombeo de agua:

Sistemas de bombeo de agua con energía solar para bombear agua hasta 4 millas distancia con sistemas calificados por Vertical Lift debe bombear el excedente, como las cuestas y obstáculos, para ir de su fuente de agua (arroyo, arroyo, estanque o lago) a su tanque, o cisterna.

W: Ascensor 20 Foot Vertical, bombeando 9,3 GPM, la entrega de 3,069 GPD

X: Elevación 100 pies vertical, el bombeo de 2.3 GPM, la entrega de 759 GPD

Y: Lift 100 Pie Vertical, bombeando 9,1 GPM, la entrega de 3,000 GPD

Z: Lift 200 Pie Vertical, bombeando 2,15 GPM, la entrega de 709 GPD

AA: Lift 200 Pie Vertical, bombeando 4,8 GPM, la entrega de 1,584 GPD

BB: Elevación 400 pies vertical, el bombeo de 1.1 GPM, la entrega de 363 GPD

CC: Lift 400 Pie Vertical, bombeando 4,4 GPM, la entrega de 1,452 GPD

Sistemas de bombeo de agua con energía solar son notables por su eficacia, incluso con una pequeña cantidad de luz solar. Acceda a la energía diaria que cae en su sitio de la bomba para alimentar la bomba y entregar de cientos a miles de galones por día. Asegúrese de planificar su proyecto de bombeo de agua de energía solar fotovoltaica en términos de Site-Preparación, Equipo de Diseño, Equipo de Adquisición, Equipos de envío, instalación de equipo, Solar Power Supply incluidos Herramientas de montaje, Contralor, y todos los cables de alambre / tubería / conexión a tierra.

Utilice siempre PRECAUCIÓN al instalar y trabajar con dispositivos eléctricos. Paneles solares fotovoltaicos producen tensiones y corrientes respetables y todos los procedimientos de seguridad deben seguirse. Asegúrese de leer el Manual de Instalación con cuidado, y siga las instrucciones de la carta.

Correctamente instalado y mantenido, los sistemas de bombeo de agua solares fotovoltaicos ofrecen una larga vida útil, gran productividad, y la facilidad de instalación y operación. La intención de este libro electrónico es proporcionar un recurso para los proyectos de bombeo de agua solares. Espero que hayas disfrutado de este ebook y resulta útil en la planificación de su proyecto específico de bombeo de agua solar. Para obtener información adicional acerca de los sistemas más grandes, y otros temas de energía limpia visite Solardyne.com en la web en todo el mundo.

Disfrute de su bomba de agua solar!